サイパー思考力算数練習帳シリーズ
シリーズ５１

数の性質４　倍数・約数の応用２
－「公倍数・公約数」と「あまり」との関係－

整数範囲：公倍数・公約数の考え方が理解できていること
あまりのある割り算の□□□□□□できること

◆　本書の特長

1、算数・数学の考え方の重要な基礎であ□□□□□□□□な要素である数の性質の中で、本書は公約数・公倍数の応用について□□□□います。

2、自分ひとりで考えて解けるように工夫して作成されています。他のサイパー思考力算数練習帳と同様に、**教え込まなくても学習できる**ように構成されています。

3、公倍数と公約数の相互の関係について自然に学べるように、問題を作成しています。

◆　サイパー思考力算数練習帳シリーズについて

　　ある問題について同じ種類・同じレベルの問題をくりかえし練習することによって、確かな定着が得られます。

　　そこで、中学入試につながる文章題について、同種類・同レベルの問題をくりかえし練習することができる教材を作成しました。

◆　指導上の注意

①　解けない問題、本人が悩んでいる問題については、お母さん（お父さん）が説明してあげて下さい。その時に、できるだけ具体的なものにたとえて説明してあげると良くわかります。

②　お母さん（お父さん）はあくまでも補助で、問題を解くのはお子さん本人です。お子さんの達成感を満たすためには、「解き方」から「答」までの全てを教えてしまわないで下さい。教える場合はヒントを与える程度にしておき、本人が自力で答を出すのを待ってあげて下さい。

③　お子さんのやる気が低くなってきていると感じたら、無理にさせないで下さい。お子さんが興味を示す別の問題をさせるのも良いでしょう。

④　丸付けは、その場でしてあげて下さい。フィードバック（自分のやった行為が正しいかどうか評価を受けること）は早ければ早いほど、本人の学習意欲と定着につながります。

もくじ

公倍数の応用１

例題１、４と６の公倍数を、小さいものから順に５個書き出しなさい。

　　復習です。４と６の公倍数は、４と６の最小公倍数の倍数です。ですからまず最小公倍数を求めて、その倍数を書き出しましょう。**シリーズ５０「倍数・約数の応用１」**の時と同じように、ここでは０もふくめて考えてください。

$$2 \overline{)\begin{array}{cc} 4 & 6 \\ \hline 2 & 3 \end{array}}$$

　$2×2×3＝12$　最小公倍数
　12、24、36、48、60、$72…$
　０は４の倍数でもあるし（$4×0＝\mathbf{0}$）、
　６の倍数でもある（$6×0＝\mathbf{0}$）

（※　「公倍数」については「サイパー思考力算数練習帳シリーズ３５数の性質１　倍数・公倍数」を参照してください）

答、　　　０、１２、２４、３６、４８

　念のために、書き出して求めてみましょう。
　　　４の倍数 {**0**、　４、　８、**12**、16、20、**24**、28、32、**36**、40、44、**48**…}
　　　６の倍数 {**0**、　　６、　**12**、　18、　**24**、　30、　**36**、　42、　**48**…}
　合っていますね。

例題２、４で割っても６で割っても１あまる数を、小さいものから順に５個書き出しなさい。

　書き出してみましょう。
　４で割ると１あまる数＝４の倍数＋１です。
　　　{１、５、９、13、17、21、25、29、33、37、41、45、49…}

　６で割ると１あまる数＝６の倍数＋１です。
　　　{１、７、13、19、25、31、37、43、49…}

　それらに共通するのは

公倍数の応用１

$\{1、5、9、\textbf{13}、17、21、\textbf{25}、29、33、\textbf{37}、41、45、\textbf{49}…\}$

$\{1、7、\textbf{13}、19、\textbf{25}、31、\textbf{37}、43、\textbf{49}…\}$

答、<u>　１、１３、２５、３７、４９　</u>

　例題１と比べると、例題１の答に、ちょうど１を足した数になってるのがわかりますか。

例題１の答、<u>　　{０、１２、２４、３６、４８}　　</u>

例題２の答、<u>　　{１、１３、２５、３７、４９}　　</u>

　「４で割っても６で割っても１あまる数」は「４と６の公倍数＋１」であると言えます。

例題３、６で割っても９で割っても１あまる数を、小さいものから順に５個書き出しなさい。

　「６で割っても９で割っても１あまる数」＝「６と９の公倍数＋１」です。

```
  3 )  6      9
      ――――――――――――
      2      3
```

$３×２×３＝１８$　最小公倍数

１８の倍数　　$\{０、１８、３６、５４、７２…\}$

１８の倍数＋１　$\{１、１９、３７、５５、７３…\}$

答、<u>　１、１９、３７、５５、７３　</u>

　これは「６と９の公倍数＋１」と考えても良いし、「当てはまる一番小さい数字から６と９の公倍数ずつ増える」と考えても構いません。

１８の倍数＋１　$\{１、　１９、　３７、　５５、　７３…\}$

$\underset{18}{\longrightarrow}\underset{18}{\longrightarrow}\underset{18}{\longrightarrow}\underset{18}{\longrightarrow}\underset{18}{\longrightarrow}$

例題４、４で割り切るにも６で割り切るにも１足りない数を、小さいものから順に５個書き出しなさい。

公倍数の応用1

　「シリーズ５０　数の性質３　倍数・約数の応用１」の「例題５」と同じように、これは「４と６の公倍数－１」と考えられます。

　　　　２×２×３＝１２　最小公倍数
　　　　{１２、２４、３６、４８、６０…}
　　　　（「０」は、「１」引くことができないので、考えなくてよろしい）

　　　　それぞれ「１」を引くと {１１、２３、３５、４７、５９…}
　　　　また、１２－１＝１１←当てはまる一番小さい数
　　　　これに４と６の最小公倍数の１２を足してゆく
　　　　１１＋１２＝２３　　　２３＋１２＝３５　　　３５＋１２＝４７
　　　　４７＋１２＝５９

　　　　　　　　　　　　　　　答、＿＿１１、２３、３５、４７、５９＿＿

◆　　　　◆　　　　◆　　　　◆　　　　◆　　　　◆　　　　◆

問題１、４で割っても１０で割っても２あまる数を、小さいものから順に５個書き出しなさい。

　　　　　　　　　　　答、＿＿＿＿＿、＿＿＿、＿＿＿、＿＿＿、＿＿＿＿

問題２、６で割っても１５で割っても３あまる数を、小さいものから順に５個書き出しなさい。

　　　　　　　　　　　答、＿＿＿＿＿、＿＿＿、＿＿＿、＿＿＿、＿＿＿＿

問題３、１０で割り切るにも１５で割り切るにも２足りない数を、小さいものから順に５個書き出しなさい。

　　　　　　　　　　　答、＿＿＿＿＿、＿＿＿、＿＿＿、＿＿＿、＿＿＿＿

公倍数の応用１

問題４、１２で割り切るにも２０で割り切るにも３足りない数を、小さいものから順に５個書き出しなさい。

答、＿＿＿＿＿、＿＿＿、＿＿＿、＿＿＿、＿＿＿＿

問題５、８で割っても３０で割っても４５で割っても４あまる数を、小さいものから順に５個書き出しなさい。

答、＿＿＿＿＿、＿＿＿、＿＿＿、＿＿＿、＿＿＿＿

問題６、１２で割り切るにも２０で割り切るにも３０で割り切るにも５足りない数を、小さいものから順に５個書き出しなさい。

答、＿＿＿＿＿、＿＿＿、＿＿＿、＿＿＿、＿＿＿＿

例題５、４で割ると１あまり、６で割ると３あまる数を、小さいものから順に５個書き出しなさい。

　４と６の公倍数に１を足したら、「４で割ると１あまる」には合いますが「６で割ると３あまる」には合いません。また４と６の公倍数に３を足したら、「６で割ると３あまる」には合いますが「４で割ると１あまる」には合いません。どうすればよいでしょうか。

　「シリーズ５０　倍数・約数の応用１」の例題６を思い出してください。「４で割ると１あまる」は「４で割り切るには３足りない」と書きかえられます。また「６で割ると３あまる」は「６で割り切るには３足りない」と書きかえられます。

　これでどちらも「３足りない」でそろい、「４で割り切るにも６で割り切るにも３

公倍数の応用1

足りない」と書きかえられたことになります。

　これは「例題4」と同じですね。「4と6の公倍数－3」で求められます。

　　　　$2×2×3＝12$　最小公倍数
　　　　$\{12、24、36、48、60…\}$　（「0」は考えなくて良い）
　　　　それぞれ「3」を引くと $\{9、21、33、45、57…\}$
　　　　また、$12－3＝9←$当てはまる一番小さい数
　　　　これに4と6の最小公倍数の12を足してゆく
　　　　$9＋12＝21$　　　$21＋12＝33$　　　$33＋12＝45$
　　　　$45＋12＝57$

　　　　　　　　　　　　　　　　答、　　9、21、33、45、57

例題6、6で割る切るには2足らず、9で割り切るに5足りない数を、小さいものから順に5個書き出しなさい。

　これも同じく、それぞれ「6で割ると4あまる」「9で割ると4あまる」と書きかえると「6で割っても9で割っても4あまる数」となります。

　　　　$3×2×3＝18$　最小公倍数
　　　　18の倍数　　　$\{0、18、36、54、72…\}$
　　　　18の倍数＋4　$\{4、22、40、58、76…\}$
　　　　　　　　　　　　　　答、　　4、22、40、58、76

　この「どちらも××あまる」という問題は、最も小さい数はその「あまる数（ここでは「4」）」になりますから、あまる数「4」に最小公倍数を足していって求める方が早いかもしれません。

　　　　$4＋18＝22$　　　$22＋18＝40$　　　$40＋18＝58$　　　$58＋18＝76$

例題7、8で割ると3あまり、12で割り切るに5足りない数を、小さいものから順に5個書き出しなさい。

公倍数の応用1

「あまる」あるいは「足りない」のどちらかにそろうかどうか考えてみましょう。

「8で割ると3あまる」 ＝「8で割るには5足りない」

「12で割ると7あまる」＝「12で割るには5足りない」

「5足りない」でそろいますね。この問題は「8で割り切るにも12で割り切るにも5足りない数」と書きかえられます。

$$4 \overline{)\begin{array}{cc} 8 & 12 \\ \hline 2 & 3 \end{array}}$$

$4 \times 2 \times 3 = 24$　最小公倍数

24の倍数　　{24、48、72、96、120…}

24の倍数−5　{19、43、67、91、115…}

答、＿＿19、43、67、91、115＿＿

例題8、 6で割ると4あまり、7で割ると6あまる数を、小さいものから順に5個書き出しなさい。

「あまる」あるいは「足りない」のどちらかにそろうかどうか考えてみましょう。

「6で割ると4あまる」＝「6で割るには2足りない」

「7で割ると6あまる」＝「7で割るには1足りない」

「あまる」も「足りない」も、どちらも数が合いませんね。

こういう時には仕方がありません。書き出して求めましょう。

6で割ると4あまる {4、10、16、22、28、(34)、40、46、52、58、64…}

7で割ると6あまる { 6、13、20、27、(34)、41、48、55、62…}

しかし、5個見つかるまで書き出すのは、たいへんですね。例題3でやったように、一番小さい「34」が見つかると、あとは6と7の最小公倍数ずつ増えていくという規則があります。ですから「34」に「6と7の最小公倍数」を足してゆけば、答えは求まります。

$6 \times 7 = 42$　←6と7の最小公倍数

34+42=76　　76+42=118　　118+42=160　　160+42=202

答、＿＿34、76、118、160、202＿＿

公倍数の応用１

◆　　　　◆　　　　◆　　　　◆　　　　◆　　　　◆　　　　◆

問題７、５で割ると３あまり、６で割ると４あまる数を、小さいものから順に５個書
き出しなさい。

答、＿＿＿＿＿、＿＿＿、＿＿＿、＿＿＿、＿＿＿＿

問題８、４で割り切るには３足らず、７で割り切るには６足りない数を、小さいもの
から順に５個書き出しなさい。

答、＿＿＿＿＿、＿＿＿、＿＿＿、＿＿＿、＿＿＿＿

問題９、６で割ると２あまり、８で割り切るには４足りない数を、小さいものから順
に５個書き出しなさい。

答、＿＿＿＿＿、＿＿＿、＿＿＿、＿＿＿、＿＿＿＿

問題１０、８で割ると３あまり、１０で割り切るには７足りない数を、小さいものか
ら順に５個書き出しなさい。

答、＿＿＿＿＿、＿＿＿、＿＿＿、＿＿＿、＿＿＿＿

公倍数の応用１

問題１１、４で割ると３あまり、５で割ると２あまる数を、小さいものから順に５個
書き出しなさい。

答、＿＿＿＿＿＿，＿＿＿＿，＿＿＿＿，＿＿＿＿，＿＿＿＿＿＿

問題１２、６で割ると１あまり、７で割り切るには３足りない数を、小さいものから
順に５個書き出しなさい。

答、＿＿＿＿＿＿，＿＿＿＿，＿＿＿＿，＿＿＿＿，＿＿＿＿＿＿

問題１３、８で割り切るには６足らず、９で割り切るには５足りない数を、小さいも
のから順に５個書き出しなさい。

答、＿＿＿＿＿＿，＿＿＿＿，＿＿＿＿，＿＿＿＿，＿＿＿＿＿＿

問題１４、７で割ると２あまり、５で割り切るには４足りない数を、小さいものから
順に５個書き出しなさい。

答、＿＿＿＿＿＿，＿＿＿＿，＿＿＿＿，＿＿＿＿，＿＿＿＿＿＿

テスト1

点

テスト1－1、3で割っても4で割っても2あまる数を、小さいものから順に5個書き出しなさい。(7)

答、＿＿＿＿、＿＿＿、＿＿＿、＿＿＿、＿＿＿

テスト1－2、8で割っても12で割っても5あまる数を、小さいものから順に5個書き出しなさい。(7)

答、＿＿＿＿、＿＿＿、＿＿＿、＿＿＿、＿＿＿

テスト1－3、12で割り切るにも14で割り切るにも7足りない数を、小さいものから順に5個書き出しなさい。(7)

答、＿＿＿＿、＿＿＿、＿＿＿、＿＿＿、＿＿＿

テスト1－4、15で割り切るにも20で割り切るにも8足りない数を、小さいものから順に5個書き出しなさい。(7)

答、＿＿＿＿、＿＿＿、＿＿＿、＿＿＿、＿＿＿

テスト1－5、12で割っても15で割っても25で割っても7あまる数を、小さいものから順に5個書き出しなさい。(7)

答、＿＿＿＿、＿＿＿、＿＿＿、＿＿＿、＿＿＿

テスト1

テスト1－6、１０で割り切るにも１４で割り切るにも３５で割り切るにも５足りない数を、小さいものから順に５個書き出しなさい。(7)

答、＿＿＿＿＿，＿＿＿＿，＿＿＿＿，＿＿＿＿，＿＿＿＿＿

テスト1－7、６で割ると４あまり、８で割ると６あまる数を、小さいものから順に５個書き出しなさい。(7)

答、＿＿＿＿＿，＿＿＿＿，＿＿＿＿，＿＿＿＿，＿＿＿＿＿

テスト1－8、９で割り切るには６足らず、１５で割り切るには１２足りない数を、小さいものから順に５個書き出しなさい。(7)

答、＿＿＿＿＿，＿＿＿＿，＿＿＿＿，＿＿＿＿，＿＿＿＿＿

テスト1－9、８で割ると４あまり、１０で割り切るには６足りない数を、小さいものから順に５個書き出しなさい。(7)

答、＿＿＿＿＿，＿＿＿＿，＿＿＿＿，＿＿＿＿，＿＿＿＿＿

テスト１

テスト１－１０、４で割ると３あまり、１０で割り切るには７足りない数を、小さいものから順に５個書き出しなさい。(7)

答、_____、_____、_____、_____、_____

テスト１－１１、４で割ると３あまり、７で割ると４あまる数を、小さいものから順に５個書き出しなさい。(10)

答、_____、_____、_____、_____、_____

テスト１－１２、７で割ると４あまり、９で割り切るには６足りない数を、小さいものから順に５個書き出しなさい。(10)

答、_____、_____、_____、_____、_____

テスト１－１３、６で割り切るには２足らず、９で割り切るには８足りない数を、小さいものから順に５個書き出しなさい。(10)

答、_____、_____、_____、_____、_____

公倍数の応用２

例題９、５で割っても６で割っても１あまる、１以上１００以下の整数はいくつありますか。

　　これは、「３０で割ると１あまる、１以上１００以下の整数はいくつありますか」
と言いかえられます。
　　すると、これは「サイパー思考力算数練習帳シリーズ５０　例題１５」と同じ問題
になります。ですから、解き方は同じです。

　　　　　１００÷３０＝３…１０
　　　　　（あまり１０の中に１つあるから）　３＋１＝４

　　　　　　　　　　　　　　　　　　　　　　　　答、＿＿＿４個＿＿＿

例題１０、５で割り切るにも６で割り切るにも２足りない、１以上１００以下の整数
はいくつありますか。

　　→「３０で割り切るには２足りない」　→「３０で割ると２８あまる」
　　　　　１００÷３０＝３…１０　（あまり１０の中にはないから）

　　　　　　　　　　　　　　　　　　　　　　　　答、＿＿＿３個＿＿＿

例題１１、５で割ると２あまり、６で割り切るには４足りない、１以上１００以下の
整数はいくつありますか。

　　→「３０で割ると２あまる」
　　　　　１００÷３０＝３…１０
　　　　　（あまり１０の中に１つあるから）　３＋１＝４

　　　　　　　　　　　　　　　　　　　　　　　　答、＿＿＿３個＿＿＿

例題１２、３で割ると２あまり、４で割ると１あまる、１以上１００以下の整数はい
くつありますか。

公倍数の応用2

　これは「あまる数」でも「足りない数」でもそろわない数です。ですから、最初の１つは自分で見つけないといけません。書き出して発見しましょう。

　　　　３で割ると２あまる数　{　２、**５**、８、１１、１４、**１７**、２０…　}
　　　　４で割ると１あまる数　{１、　**５**、　９、　１３、　**１７**、　２１…}

　「５」がその一番小さな数だということがわかりました。あとは「３」と「４」の最小公倍数である「１２」ずつ増えていきます。ですから全部書き出すと

　　　{**5**、17、29、41、53、65、77、89}

で、「8個」というのが答になります。

　計算で求める方法を考えましょう。一番小さな「５」は、上記のように書き出して求めます。次に、これらの数が１００の中にいくつあるか図で考えましょう。
　「１２」ごとに１つずつありますから、１００を１２で割ってみます。

1	2	3	4	**5**	6	7	8	9	10	11	12
13	14	15	16	**17**	18	19	20	21	22	23	24
25	26	27	28	**29**	30	31	…				36
37	…			**41**	…					…	48
49	…			**53**	…					…	60
61…											

　この図からわかるように、１２個ずつに分けると、必ず前から５番目にあることがわかります。ですから、

　　　１００÷１２＝８…４　←　▢が8個とあまり4

85	86	87	88	**89**	90	91	92	93	94	95	96
97	98	99	100								

公倍数の応用2

□の中に１つずつ求める数はあります。また、あまりの「４」の中には、前から５個目にある求める数はありません。

答、＿＿8個＿＿

> このあたりについて「サイパー思考力算数練習帳シリーズ
> １２　周期算」を学習すると、より良くわかります。

■別解　式を立てて、そこから考えてみましょう。

最初の１つである「５」を見つけるまでの手順は同じです。書き出して求めましょう。

最初の「５」が見つかったら、その「５」以降は「３と４の公倍数＝１２」ごとに求める数がやってくると考えます。

```
 1   2   3   4   5
 6   7   8   9  10  11  12  13  14  15  16  17
18  19  20  21  22  23  24  25  26  27  28  29
30  31  …                              41
…
```

したがって、これらが１００の中にいくつあるかを考えれば良いので、式にすると以下のようになります。

$5＋12×□＝100$ に近い数字

$5＋12×1＝17$
$5＋12×2＝29$
$5＋12×3＝41$
$5＋12×4＝53$
　　　⋮
$5＋12×7＝89$
$5＋12×8＝101$←ダメ

公倍数の応用２

求める数は１〜５の中に１個目があり、そしてその後７回あることになります。

$$1＋7＝8$$

答、＿＿＿８個＿＿＿

■「逆算」ができれば、式で解くこともできます。

「逆算」については「サイパー思考力算数練習帳シリーズ４３・４４ 逆算の特訓」を学習しましょう。

$$5＋12×□＝100$$
$$□＝（100－5）÷12 \quad □＝7…11$$

これで最初の「５」に加えて、後７個あることがわかりました。

$$1＋7＝8$$

答、＿＿＿８個＿＿＿

例題１３、５で割ると３あまり、６で割り切るには５足りない、１以上２００以下の整数はいくつありますか。

これも「あまる数」でも「足りない数」でもそろわない数です。ですから、最初の１つは書き出して求めましょう。

$$5で割ると3あまる数 \quad \{ \quad 3、8、\textbf{13}、18、23… \}$$
$$6で割り切るには5足りない数 \quad \{1、7、\textbf{13}、19、25…\}$$

最初の１つが「１３」で、後は「５と６の最小公倍数＝３０」ごとに、求める数があります。

$$200÷30＝6…20$$

公倍数の応用2

左から13番目が求める数なので、あまりの「20」の中に求める数は1つある。

$$6＋1＝7$$

答、　　7個

■**別解**　式を立てて、そこから考えてみましょう。

最初の1つである「13」は、書き出して求めます。

最初の「13」が見つかったら、その「13」以降は「5と6の公倍数＝30」ごとに求める数がやってくると考えます。

```
 1  2  3  4  5  6  7  8  9 10 11 12 13
14  15  …                              43
44  45  …                              73
…
```

13＋30×□＝200に近い数字
$$13＋30×1＝43$$
$$13＋30×2＝73$$

$$13＋30×6＝193$$
$$13＋30×7＝223←ダメ$$

求める数は1～13の中に1個目があり、そしてその後6回あることになります。

$$1＋6＝7$$

答、　　7個

公倍数の応用2

■「逆算」で求めましょう

$$13+30×□=200 \quad □=(200-13)÷30 \quad □=6…7$$

最初の「１３」に加えて、あと６個あります。

$$1+6=7$$

答、＿＿＿７個＿＿＿

例題１４、４で割っても６で割っても１あまる、１００以下で最も大きい整数を求めなさい。

「４」と「６」の最小公倍数は「１２」で、この問題は「**１２で割ると１あまる、１００以下でもっとも大きい整数を求める**」と言いかえられます。

　すると、これは「サイパー思考力算数練習帳シリーズ５０　例題１１」と同じ問題になります。ですから、解き方は同じです。

$$100÷12=8…4$$
$$12×8=96 \quad ←１２の倍数の、１００以下で最も大きいもの$$
$$96+1=97$$

答、＿＿＿９７＿＿＿

例題１５、６で割ると２あまり、８で割ると６あまる、１００以下で最も大きい整数を求めなさい。

「あまる数」でも「足りない数」でもそろわない数ですから、最初の１つは書き出して求めます。

　　　６で割ると２あまる数　｛２、８、**１４**、２０、２６… ｝
　　　８で割ると６あまる数　｛　６、　**１４**、　２２、　３０…｝

公倍数の応用2

6と8の最小公倍数「24」ごとにあり、その左から14個めの数ですから

$$100 \div 24 = 4 \cdots 4$$

あまり4の中にはないので、4グループ目の左から14個めが求める数です。

1	2	3	4	…	**14**	…	24	
25	26			…	**38**	…	48	
49	50			…	**62**	…	72	
73	74			…	**86**	…	96	←4グループ目の14個目
97	98	99	100					

$$24 \times 3 + 14 = 86$$

答、　86

■別解

最初の1つである「14」は、書き出して求めます。

$$14 + 24 \times \square = 100 \qquad \square = (100 - 14) \div 24 \qquad \square = 3 \cdots 14$$
$$14 + 24 \times 3 = 86$$

答、　86

◆　　◆　　◆　　◆　　◆　　◆　　◆

問題15、6で割っても8で割っても2あまる整数について。

①、1以上100以下に、いくつありますか。

式・考え方

答、　　　　　　　個

公倍数の応用2

　②、１００以下で最も大きいものは何ですか。

　式・考え方

答、_____

問題１６、３で割ると２あまり、４で割ると３あまる整数について。

　①、１以上１００以下に、いくつありますか。

　式・考え方

答、_____個

　②、１００以下で最も大きいものは何ですか。

　式・考え方

答、_____

問題１７、４で割ると３あまり、５で割り切るには２足りない整数について。

　①、１以上１５０以下に、いくつありますか。

　式・考え方

答、_____個

公倍数の応用２

② 、１５０以下で最も大きいものは何ですか。

式・考え方

答、＿＿＿＿＿＿＿＿

問題１８、８で割ると３あまり、１０で割ると７あまる整数について。

① 、１以上１５０以下に、いくつありますか。

式・考え方

答、＿＿＿＿＿＿＿＿ 個

② 、１９０以下で最も大きいものは何ですか。

式・考え方

答、＿＿＿＿＿＿＿＿

◆　　◆　　◆　　◆　　◆　　◆　　◆

例題１６、６で割っても８で割っても２あまる、１０１以上２００以下の整数はいく

つありますか。

これは６と８の最小公倍数「２４」で割ると２あまる数です。つまり「**シリーズ**

公倍数の応用２

５０　数の性質３　倍数・約数の応用１」の「**例題１８**」と同じ問題だといえます。

　まず、１から２００にある「２４で割ると２あまる数」を求めます。

　　　　２００÷２４＝８…８　　　あまり「８」の中に「２あまる数」はあるので
　　　　８＋１＝９個

　続いて１から１００にある「２４で割ると２あまる数」を求めます。

　　　　１００÷２４＝４…４　　　あまり「４」の中に「２あまる数」はあるので
　　　　４＋１＝５個

　差し引きすると

　　　　９－５＝４個

答、＿＿＿４個＿＿

**例題１７、３で割ると２あまり、４で割ると１あまる、１０１以上２００以下の整数
　はいくつありますか。**

　これも考え方は同じです。１から２００までの個数を求めて、１から１００までの
個数を引きます。

　「あまる数」も「足りない数」もそろわないので、最初の１つは書き出して求めましょ
う。

　　　　３で割ると２あまる数　{２、**５**、８、１１…}
　　　　４で割ると１あまる数　{１、**５**、９、　１３…}

　またこれらの数は「３と４の公倍数＝１２」ごとにあり、それらの前から５番目が
求める数です。

公倍数の応用２

例題１６と同じく、まず１から２００のうちにいくつあるかを求めます。

$$２００÷１２＝１６…８ \quad\quad １６グループとあと８個の整数$$

８個の整数の中に、求める数はある　**１６＋１＝１７個**

続いて、１から１００のうちにいくつあるかを求めます。

$$１００÷１２＝８…４ \quad\quad ８グループとあと４個の整数$$

４個の整数の中に、求める数はない　**８個**

$$１７－８＝９$$

答、＿＿＿＿＿９個＿＿＿＿

◆　　　◆　　　◆　　　◆　　　◆　　　◆　　　◆

問題１９、 ４で割っても５で割っても２あまる、１０１以上２００以下の整数は、全部でいくつありますか。

式・考え方

答、＿＿＿＿＿＿＿＿個＿＿

問題２０、 ３で割り切るにも５で割り切るにも２足りない、１０１以上２００以下の整数は、全部でいくつありますか。

式・考え方

答、＿＿＿＿＿＿＿＿個＿＿

公倍数の応用２

問題２１、６で割ると２あまり、７で割ると３あまる２０１以上３００以下の整数は、全部でいくつありますか。

式・考え方

答、＿＿＿＿＿＿個

問題２２、５で割ると２あまり、６で割り切るには４足りない、３０１以上４００以下の整数は、全部でいくつありますか。

式・考え方

答、＿＿＿＿＿＿個

問題２３、７で割ると３あまり、８で割り切るには４足りない、１０１以上５００以下の整数は、全部でいくつありますか。

式・考え方

答、＿＿＿＿＿＿個

問題２４、４で割ると３あまり、５で割ると１あまる、２１１以上２９１以下の整数は、全部でいくつありますか。

式・考え方

答、＿＿＿＿＿＿個

テスト2

テスト2-1、8で割っても10で割っても3あまる整数について。

①、1以上100以下に、いくつありますか。(10)

式・考え方

答、＿＿＿＿＿＿＿＿個

②、100以下で最も大きいものは何ですか。(10)

式・考え方

答、＿＿＿＿＿＿＿＿

テスト2-2、4で割ると2あまり、6で割ると4あまる整数について。

①、1以上200以下に、いくつありますか。(10)

式・考え方

答、＿＿＿＿＿＿＿＿個

②、200以下で最も大きいものは何ですか。(10)

式・考え方

答、＿＿＿＿＿＿＿＿

テスト2

テスト2-3、6で割っても9で割っても2あまる、101以上200以下の整数は、全部でいくつありますか。(15)

式・考え方

答、＿＿＿＿＿＿個

テスト2-4、7で割ると3あまり、14で割ると10あまる501以上800以下の整数は、全部でいくつありますか。(15)

式・考え方

答、＿＿＿＿＿＿個

テスト2-5、5で割ると2あまり、8で割り切るには6足りない、43以上780以下の整数は、全部でいくつありますか。(15)

式・考え方

答、＿＿＿＿＿＿個

テスト2-6、6で割ると2あまり、9で割ると8あまる、101以上200以下の整数は、全部でいくつありますか。(15)

式・考え方

答、＿＿＿＿＿＿個

公約数の応用

例題１８、２４を割っても３６を割っても割り切れる数を、すべて求めなさい。

「２４を割っても３６を割っても割り切れる数」というのは「２４と３６の公約数」のことですね。公約数は、最大公約数を求め、それの約数を求めます。

```
  2 ) 24    36

  2 ) 12    18

  3 )  6     9

        2     3
```

(※ 「公約数」については「サイパー思考力算数練習帳シリーズ３６ 数の性質２ 約数・公約数」を参照してください)

$2 \times 2 \times 3 = 12$ ←最大公約数

$$12 \left\{ \begin{array}{ccc} 1 & 2 & 3 \\ 12 & 6 & 4 \end{array} \right.$$

答、　１、２、３、４、６、１２

例題１９、２７を割っても３９を割っても３あまる数を、すべて求めなさい。

「２７を割ると３あまる数」というのは「２４を割り切れる数」、また 「３９を割ると３あまる数」というのは「３６を割り切れる数」です。ですからこれは「２４と３６を割り切れる数」つまり「２４と３６の公約数」ということになります。
　ただし、**シリーズ５０「倍数・約数の応用１」**の**「例題２０」**で学習したように「『**割る数』は、必ず『あまり』より大きい**」ので、それを忘れないようにしましょう。

　「２４と３６の公約数」は例題１８で求めたように、{１、２、３、４、６、１２}です。しかし、「３あまる数」ですから、そのあまりの「３」より大きい数でなければなりません。
　ここでは{４、６、１２}があてはまる数です。

答、　４、６、１２

公約数の応用

例題２０、１３を割ると１あまり、２０を割ると２あまる数を、すべて求めなさい。

「１３を割ると１あまる数」は「１２を割り切れる数」、また「２０を割ると２あまる数」は「１８を割り切れる数」です。つまり「１２と１８の公約数」を求めれば良いことになります。

$$2 \times 3 = 6 \quad \leftarrow 最大公約数$$

```
2) 12  18
3)  6   9
    2   3
```

$$6 \left\{ \begin{array}{cc} 1 & 2 \\ 6 & 3 \end{array} \right\}$$

「１２と１８の公約数」は{１、２、３、６}だということがわかりました。さて、このうち適当な数字はどれでしょうか。

「１３を割ると**１**あまる数」、「２０を割ると**２**あまる数」と、あまりが「１」と「２」の２種類出てきていますね。このどちらより大きい数にしなければならないでしょうか。

全部試してみましょう。

1:	13÷1＝13…0 ×	20÷1＝20…0 ×	
2:	13÷2＝ 6…1 ○	20÷2＝10…0 ×	
3:	13÷3＝ 4…1 ○	20÷3＝ 6…2 ○	
6:	13÷6＝ 2…1 ○	20÷6＝ 3…2 ○	

これらから分かるように、問題に当てはまる数は「３」「６」の２つです。「１」「２」はダメでしたね。

「１３を割ると１あまる数」と「２０を割ると２あまる数」とのどちらにも当てはまる数でなければ正しい答になりませんので、あまりの「１」「２」のどちらよりも大きい数でなければならない、ということです。

答、　３、６

例題２１、３３を割ると３あまり、１１０を割ると５あまる数を、すべて求めなさい。
　　　３３を割ると３あまる数＝３０を割り切れる数

公約数の応用

110を割ると5あまる数＝105を割り切れる数

　　→30と105の公約数

30と105の最大公約数＝15

$$15 \left\{ \begin{array}{cc} 1 & 3 \\ 15 & 5 \end{array} \right\}$$

あまりの「3」「5」のどちらよりも大きい数は15だけ

答、＿＿15＿＿

例題22、29を割ると5あまり、73を割ると13あまる数を、すべて求めなさい。

29を割ると5あまる数＝24を割り切れる数

73を割ると13あまる数＝60を割り切れる数

　　→24と60の公約数

24と60の最大公約数＝12

$$12 \left\{ \begin{array}{ccc} 1 & 2 & 3 \\ 12 & 6 & 4 \end{array} \right\}$$

あまりの「5」「13」のどちらよりも大きい数は、この中にはない。

答、＿＿なし＿＿

※「29を割ると5あまる数」＝ {6、8、12、24}

「73を割ると13あまる数」＝ {15、20、30、60}

問題25、50を割っても68を割っても5あまる数を、すべて求めなさい。

式・考え方

答、＿＿＿＿＿＿＿＿＿＿＿＿＿

公約数の応用

問題２６、２０を割ると２あまり、３１を割ると１あまる数を、すべて求めなさい。

式・考え方

答、＿＿＿＿＿＿＿＿＿＿＿

問題２７、１３５を割ると３あまり、２９６を割ると２あまる数を、すべて求めなさい。

式・考え方

答、＿＿＿＿＿＿＿＿＿＿＿

問題２８、１５５を割っても３９０を割っても５あまる数を、すべて求めなさい。

式・考え方

答、＿＿＿＿＿＿＿＿＿＿＿

問題２９、２１１を割ると１あまり、２９６を割ると２あまる数を、すべて求めなさい。

式・考え方

答、＿＿＿＿＿＿＿＿＿＿＿

テスト３

テスト３－１、６０を割っても１４０を割っても割り切れる
　数をすべて求めなさい。(9)

　　式・考え方

　　　　　　　　　　　　　　　答、＿＿＿＿＿＿＿＿＿＿＿

テスト３－２、２０を割ると割り切れ、８５を割ると１あまる数を、すべて求めなさい。

　　式・考え方　　　　　　　　　　　　　　　　　　　　　　　　(9)

　　　　　　　　　　　　　　　答、＿＿＿＿＿＿＿＿＿＿＿

テスト３－３、３０を割っても３９を割っても３あまる数を、すべて求めなさい。(9)

　　式・考え方

　　　　　　　　　　　　　　　答、＿＿＿＿＿＿＿＿＿＿＿

テスト３－４、４４を割ると２あまり、１５３を割ると３あまる数を、すべて求めな
　さい。(9)

　　式・考え方

　　　　　　　　　　　　　　　答、＿＿＿＿＿＿＿＿＿＿＿

テスト3

テスト3－5、２４１５を割ると１０５あまり、３５４０を割ると７５あまる数を、すべて求めなさい。(9)

式・考え方

答、＿＿＿＿＿＿＿＿＿＿＿＿＿

テスト3－6、３２０を割っても４６７を割っても５あまる数を、すべて求めなさい。

式・考え方 (9)

答、＿＿＿＿＿＿＿＿＿＿＿＿＿

テスト3－7、１５０を割ると１５あまり、５３０を割ると５あまる数を、すべて求めなさい。(9)

式・考え方

答、＿＿＿＿＿＿＿＿＿＿＿＿＿

テスト3－8、２９０を割ると３８あまり、８８８を割ると６あまる数を、すべて求めなさい。(9)

式・考え方

答、＿＿＿＿＿＿＿＿＿＿＿＿＿

テスト３

テスト３－９、１２３を割ると３あまり、１７０を割ると２あまり、４４１を割ると１あまる数を、すべて求めなさい。(9)

式・考え方

答、＿＿＿＿＿＿＿＿＿＿＿＿＿＿

テスト３－１０、１７０を割ると２あまり、２６０を割ると８あまり、４３０を割ると１０あまる数を、すべて求めなさい。(9)

式・考え方

答、＿＿＿＿＿＿＿＿＿＿＿＿＿＿

テスト３－１１、２９５を割ると１あまり、８６を割ると２あまり、２１３を割ると３あまり、１３０を割ると４あまる数を、すべて求めなさい。(10)

式・考え方

答、＿＿＿＿＿＿＿＿＿＿＿＿＿＿

総合テスト

総合１、４で割っても６で割っても３あまる数を、小さいもの
　　から順に５個書き出しなさい。(5)

点

答、＿＿＿＿＿＿、＿＿＿、＿＿＿、＿＿＿、＿＿＿＿＿

総合２、６で割っても８で割っても４あまる整数について。

　①、１以上１００以下に、いくつありますか。(3)

　式・考え方

答、＿＿＿＿＿＿個＿＿

　②、１００以下で最も大きいものは何ですか。(4)

　式・考え方

答、＿＿＿＿＿＿＿

総合３、１８０を割っても２１０を割っても割り切れる数をすべて求めなさい。(6)

　式・考え方

答、＿＿＿＿＿＿＿＿＿

総合テスト

総合４、１４で割り切るにも１８で割り切るにも４足りない数を、小さいものから順に５個書き出しなさい。(5)

式・考え方

答、＿＿＿＿＿、＿＿＿、＿＿＿、＿＿＿、＿＿＿＿＿

総合５、９で割っても１２で割っても８あまる、４０１以上５００以下の整数は、全部でいくつありますか。(6)

式・考え方

答、＿＿＿＿＿＿＿個

総合６、７５を割っても８０を割っても５あまる数を、すべて求めなさい。(6)

式・考え方

答、＿＿＿＿＿＿＿＿＿＿＿＿

総合７、８で割っても１２で割って３０で割っても６あまる数を、小さいものから順に５個書き出しなさい。(5)

式・考え方

答、＿＿＿＿＿＿、＿＿＿、＿＿＿、＿＿＿、＿＿＿＿＿

総合テスト

総合８、８で割ると５あまり、１４で割り切るには９足りない、１７３以上３４１以下の整数は、全部でいくつありますか。(6)

式・考え方

答、_____ 個

総合９、４８を割ると３あまり、７９を割ると４あまる数を、すべて求めなさい。(6)

式・考え方

答、_____

総合１０、２１で割ると９あまり、３０で割ると１２あまる数を、小さいものから順に５個書き出しなさい。(6)

式・考え方

答、_____、____、____、____、_____

総合１１、９で割ると２あまり、１２で割ると８あまる、１００以上１１００以下の整数は、全部でいくつありますか。(6)

式・考え方

答、_____ 個

総合テスト

総合１２、６４０を割ると１０あまり、１８０を割ると１２あまる数を、すべて求めなさい。(6)

式・考え方

答、＿＿＿＿＿＿＿＿＿＿＿＿＿＿

総合１３、２４で割ると９あまり、３６で割り切るには１５足りない数を、小さいものから順に５個書き出しなさい。(6)

式・考え方

答、＿＿＿＿＿、＿＿＿、＿＿＿、＿＿＿、＿＿＿＿＿

総合１４、８０を割ると８あまり、１１０を割ると２あまり、２６０を割ると８あまる数を、すべて求めなさい。(6)

式・考え方

答、＿＿＿＿＿＿＿＿＿＿＿＿＿＿

総合テスト

総合１５、１２で割ると２あまり、１３で割ると６あまる数を、小さいものから順に
　　　５個書き出しなさい。(6)

式・考え方

答、＿＿＿＿＿＿，＿＿＿，＿＿＿，＿＿＿，＿＿＿＿＿＿

総合１６、２２４を割っても１７０を割っても８あまり、２７７を割っても３８５を
　　　割っても７あまる数を、すべて求めなさい。(6)

式・考え方

答、＿＿＿＿＿＿＿＿＿＿＿＿＿

総合１７、７で割り切るには４足らず、８で割り切るには３足りない数を、小さいも
　　　のから順に５個書き出しなさい。(6)

式・考え方

答、＿＿＿＿＿＿，＿＿＿，＿＿＿，＿＿＿，＿＿＿＿＿＿

解　答　　解き方は一例です

P 5

問題1　4と10の最小公倍数は20　　　　　　<u>2、22、42、62、82</u>

問題2　6と15の最小公倍数は30　　　　　　<u>3、33、63、93、123</u>

問題3　10と15の最小公倍数は30　　　　　<u>28、58、88、118、148</u>

P 6

問題4　12と20の最小公倍数は60　　　　　<u>57、117、177、237、297</u>

問題5　8と30と45の最小公倍数は360　　<u>4、364、724、1084、1444</u>

問題6　12と20と30の最小公倍数は60　　<u>55、115、175、235、295</u>

P 9

問題7　どちらも「2足りず」で合う→5と6の公倍数－2

　　　　5と6の最小公倍数は30　　　　　　<u>28、58、88、118、148</u>

問題8　どちらも「1あまる」で合う→4と7の公倍数＋1

　　　　4と7の最小公倍数は28　　　　　　<u>1、29、57、85、113</u>

問題9　どちらも「4足りず」で合う→6と8の公倍数－4

　　　　6と8の最小公倍数は24　　　　　　<u>20、44、68、92、116</u>

問題10　どちらも「3あまる」で合う→8と10の公倍数＋3

　　　　8と10の最小公倍数は40　　　　　<u>3、43、83、123、163</u>

P 10

問題11 $\begin{cases}\text{4で割ると3あまる＝4の倍数＋3 ：　　3　7　11…}\\ \text{5で割ると2あまる＝5の倍数＋2 ：2　　7　　12…}\end{cases}$

　　　　4と5の公倍数＋7が求める数　　　　<u>7、27、47、67、87</u>

問題12 $\begin{cases}\text{6で割ると1あまる＝6の倍数＋1　：1　7　13　19　25　31…}\\ \text{7で割るには3足りない＝7の倍数－3 ：　4　11　18　25　　32…}\end{cases}$

　　　　6と7の公倍数＋25が求める数　　　<u>25、67、109、151、193</u>

問題13 $\begin{cases}\text{8で割るには6足りない＝8の倍数－6 ：2　10　18　26　34　42　50　58…}\\ \text{9で割るには5足りない＝9の倍数－5 ：　4　　13　22　31　40　49　　58…}\end{cases}$

　　　　8と9の公倍数＋58が求める数　　　<u>58、130、202、274、346</u>

問題14 $\begin{cases}\text{7で割ると2あまる＝7の倍数＋2　：　2　9　16　23…}\\ \text{5で割るには4足りない＝5の倍数－4 ：1　6　11　16　21…}\end{cases}$

　　　　7と5の公倍数＋16が求める数　　　<u>16、51、86、121、156</u>

P 11

テスト1－1　<u>2、14、26、38、50</u>

テスト1－2　<u>5、29、53、77、101</u>

テスト1－3　<u>77、161、245、329、413</u>

テスト1－4　<u>52、112、172、232、292</u>

テスト1－5　<u>7、307、607、907、1207</u>

P 12

テスト1－6　　<u>65、135、205、275、345</u>

テスト1－7　6で割るにも8で割るにも2足りない　　<u>22、46、70、94、118</u>

テスト1－8　9で割っても15で割っても3あまる　　<u>3、48、93、138、183</u>

解答

テスト1－9　8で割っても10で割っても4あまる　　　　<u>4、44、84、124、164</u>

P13

テスト1－10　4で割っても10で割っても3あまる　　　<u>3、23、43、63、83</u>

テスト1－11　$\begin{cases} 3 \quad 7 \quad \mathbf{11} \quad 15\cdots \\ \quad 4 \quad\quad \mathbf{11} \quad\quad 18\cdots \end{cases}$　　　<u>11、39、67、95、123</u>

テスト1－12　$\begin{cases} 4 \quad 11 \quad 18 \quad 25 \quad 32 \quad \mathbf{39} \quad 46\cdots \\ 3 \quad\quad 12 \quad 21 \quad\quad 30 \quad\quad \mathbf{39} \quad 48\cdots \end{cases}$

　　　　　　　　　　　　　　　　　　<u>39、102、165、228、291</u>

テスト1－13　$\begin{cases} 4 \quad \mathbf{10} \quad 16\cdots \\ 1 \quad \mathbf{10} \quad\quad 19\cdots \end{cases}$　　　<u>10、28、46、64、82</u>

P20

問題15　①　6と8の最小公倍数24で割ると2あまる数　　100÷24＝4…4

　　　　　　あまり4の中に1つある　　4＋1＝5　　　　　　　　　　<u>5個</u>

　　　　②　24×4＋2＝98　　　　　　　　　　　　　　　　　　<u>98</u>

P21

問題16　①　3と4の最小公倍数12で割るには1足りない数＝12で割ると11あまる

　　　　　　100÷12＝8…4　あまり4の中にはない　　　　　　<u>8個</u>

　　　　②　12×7＋11＝95　　　　　　　　　　　　　　　　<u>95</u>

問題17　①　4と5の最小公倍数20で割ると3あまる数　　150÷20＝7…10

　　　　　　あまり10の中に1つある　　7＋1＝8　　　　　　　<u>8個</u>

　　　　②　20×7＋3＝143　　　　　　　　　　　　　　　<u>143</u>

P22

問題18　①　$\begin{cases} 3 \quad 11 \quad 19 \quad \mathbf{27} \quad 35\cdots \\ \quad 7 \quad\quad 17 \quad\quad \mathbf{27} \quad\quad 37\cdots \end{cases}$

　　　　　　最小の27から、8と10の最小公倍数の40番目ごとにある

　　　　　　150÷40＝3…30　　あまり30の中に「27（前から27番目）」は1つある

　　　　　　3＋1＝4　　　　　　　　　　　　　　　　　　　　<u>4個</u>

　　　　②　190÷40＝4…3　　40×4＋27＝187　　　　　<u>187</u>

P24

問題19　4と5の最小公倍数20で割ると2あまる数　　200÷20＝10…0　10個

　　　　100÷20＝5…0　5個　　10－5＝5　　　　　　　　<u>5個</u>

問題20　3と5の最小公倍数15で割るには2足りない＝15で割ると13あまる数

　　　　200÷15＝13…5　13個　　100÷15＝6…10　6個

　　　　13－6＝7　　　　　　　　　　　　　　　　　　　　　<u>7個</u>

P25

問題21　6と7の最小公倍数42で割るには4足りない数＝42で割ると38あまる数

　　　　300÷42＝7…6　7個　　200÷42＝4…32　4個

　　　　7－4＝3　　　　　　　　　　　　　　　　　　　　　<u>3個</u>

問題22　5と6の最小公倍数30で割ると2あまる数　　400÷30＝13…10

　　　　13＋1＝14　14個　　300÷30＝10…0　10個

　　　　14－10＝4　　　　　　　　　　　　　　　　　　　　<u>4個</u>

解答

P25

問題23 7と8の最小公倍数56で割るには4足りない数＝56で割ると52あまる数

$500 \div 56 = 8 \cdots 52$　　$8 + 1 = 9$　9個

$100 \div 56 = 1 \cdots 44$　1個　　$9 - 1 = 8$　　　　　　　　　　　__8個__

問題24
$\left\{ \begin{array}{llll} 3 & 7 & \textbf{11} & 15\cdots \\ 1 & 6 & \textbf{11} & 16\cdots \end{array} \right\}$ 最小の11から、4と5の最小公倍数20番目ごとにある

$291 \div 20 = 14 \cdots 11$　　$14 + 1 = 15$　15個

$210 \div 20 = 10 \cdots 10$　10個　　$15 - 10 = 5$　　　　　　__5個__

P26

テスト2－1　①　8と10の最小公倍数40で割ると3あまる数

$100 \div 40 = 2 \cdots 20$　　$2 + 1 = 3$　　　　　　　　　　　__3個__

②　$40 \times 2 + 3 = 83$　　　　　　　　　　　　　　　　　　　__83__

テスト2－2　①　4と6の最小公倍数12で割ると10あまる数

$200 \div 12 = 16 \cdots 8$　　　　　　　　　　　　　　　　　__16個__

②　$12 \times 15 + 10 = 190$　　　　　　　　　　　　　　　　__190__

P27

テスト2－3　6と9の最小公倍数18で割ると2あまる数　　$200 \div 18 = 11 \cdots 2$

$11 + 1 = 13$個　　$100 \div 18 = 5 \cdots 10$

$5 + 1 = 6$個　　$13 - 6 = 7$　　　　　　　　　　　　　　　　__7個__

テスト2－4　7と14の最小公倍数14で割るには4足りない数＝14で割ると10あまる数

$800 \div 14 = 57 \cdots 2$　57個　　　　$500 \div 14 = 35 \cdots 10$

$35 + 1 = 36$個　　$57 - 36 = 21$　　　　　　　　　　　　__21個__

テスト2－5　5と8の最小公倍数40で割ると2あまる数　　$780 \div 40 = 19 \cdots 20$

$19 + 1 = 20$個　　$42 \div 40 = 1 \cdots 2$　$1 + 1 = 2$個

$20 - 2 = 18$　　　　　　　　　　　　　　　　　　　　　　　__18個__

テスト2－6
$\left\{ \begin{array}{lll} 2 & 8 & 14\cdots \\ & 8 & 17\cdots \end{array} \right\}$ 最小の8から、6と9の最小公倍数の18番目ごとにある

$200 \div 18 = 11 \cdots 2$　11個　　$100 \div 18 = 5 \cdots 10$

$5 + 1 = 6$個　　$11 - 6 = 5$　　　　　　　　　　　　　　　　__5個__

P30

問題25　$50 - 5 = 45$　　$68 - 5 = 63$　　45と63の最大公約数＝9

$9 \left\{ \begin{array}{ll} 1 & 3 \\ 9 & \end{array} \right\}$　このうち、5より大きいもの

　　　　　　　　　　　　　　　　　　　　　　　　　　　　　__9__

P31

問題26　$20 - 2 = 18$　　$31 - 1 = 30$　　18と30の最大公約数＝6

$6 \left\{ \begin{array}{ll} 1 & 2 \\ 6 & 3 \end{array} \right\}$　このうち、2より大きいもの

　　　　　　　　　　　　　　　　　　　　　　　　　　　__3、6__

解答

問題27　135−3＝132　　296−2＝294　　132と294の最大公約数＝6

$$6\begin{cases}1 & 2\\6 & 3\end{cases}$$　このうち、3より大きいもの

6

問題28　155−5＝150　　390−5＝385　　150と385の最大公約数＝5

$$5\begin{cases}1\\5\end{cases}$$　このうち、5より大きいもの

答なし

問題29　211−1＝210　　296−2＝294　　210と294の最大公約数＝42

$$42\begin{cases}1 & 2 & 3 & 6\\42 & 21 & 14 & 7\end{cases}$$　このうち、2より大きいもの

3、6、7、14、21、42

テスト3−1　60と140の最大公約数＝20

$$20\begin{cases}1 & 2 & 4\\20 & 10 & 5\end{cases}$$

1、2、4、5、10、20

テスト3−2　85−1＝84　　20と84の最大公約数＝4

$$4\begin{cases}1 & 2\\4\end{cases}$$　このうち、1より大きいもの

2、4

テスト3−3　30−3＝27　　39−3＝36　　27と36の最大公約数＝9

$$9\begin{cases}1 & 3\\9\end{cases}$$　このうち、3より大きいもの

9

テスト3−4　44−2＝42　　153−3＝150　　42と150の最大公約数＝6

$$6\begin{cases}1 & 2\\6 & 3\end{cases}$$　このうち、3より大きいもの

6

テスト3−5　2415−105＝2310　　3540−75＝3465

2310と3465の最大公約数＝1155

$$1155\begin{cases}1 & 3 & 5 & 7 & 11 & 15 & 21 & 33\\1155 & 385 & 231 & 165 & 105 & 77 & 55 & 35\end{cases}$$

このうち、105より大きいもの　　<u>165、231、385、1155</u>

テスト3−6　320−5＝315　　467−5＝462　　315と462の最大公約数＝21

$$21\begin{cases}1 & 3\\21 & 7\end{cases}$$　このうち、5より大きいもの

7、21

テスト3−7　150−15＝135　　530−5＝525　　135と525の最大公約数＝15

$$15\begin{cases}1 & 3\\15 & 5\end{cases}$$　このうち、15より大きいもの

答えなし

解答

テスト3-8 $290-38=252$ $888-6=882$ 252と882の最大公約数＝126

$$126 \left\{ \begin{array}{cccccc} 1 & 2 & 3 & 6 & 7 & 9 \\ 126 & 63 & 42 & 21 & 18 & 14 \end{array} \right\}$$

このうち、38より大きいもの   <u>42、63、126</u>

P34

テスト3-9 $123-3=120$ $170-2=168$ $441-1=440$

120と168と440の最大公約数＝8

$$8 \left\{ \begin{array}{cc} 1 & 2 \\ 8 & 4 \end{array} \right\}$$ このうち、3より大きいもの

<u>4、8</u>

テスト3-10 $170-2=168$ $260-8=252$ $430-10=420$

168と252と420の最大公約数＝84

$$84 \left\{ \begin{array}{cccccc} 1 & 2 & 3 & 4 & 6 & 7 \\ 84 & 42 & 28 & 21 & 14 & 12 \end{array} \right\}$$

このうち、10より大きいもの   <u>12、14、21、28、42、84</u>

テスト3-11 $295-1=294$ $86-2=84$ $213-3=210$ $130-4=126$

294と84と210と126の最大公約数＝42

$$42 \left\{ \begin{array}{cccc} 1 & 2 & 3 & 6 \\ 42 & 21 & 14 & 7 \end{array} \right\}$$

このうち、4より大きいもの   <u>6、7、14、21、42</u>

P35

総合1 4と6の最小公倍数は12   <u>3、15、27、39、51</u>

総合2 ① 6と8の最小公倍数24で割ると4あまる数 $100÷24=4\cdots4$

$4+1=5$ <u>5個</u>

② $24×4+4=100$ <u>100</u>

総合3 180と210の最大公約数＝30

$$30 \left\{ \begin{array}{cccc} 1 & 2 & 3 & 5 \\ 30 & 15 & 10 & 6 \end{array} \right\}$$ <u>1、2、3、5、6、10、15、30</u>

P36

総合4 14と18の最小公倍数126で割るには4足りない数

<u>122、248、374、500、626</u>

総合5 9と12の最小公倍数36で割ると8あまる数 $500÷36=13\cdots32$

$13+1=14$個 $400÷36=11\cdots4$ 11個 $14-11=3$ <u>3個</u>

総合6 $75-5=70$ $80-5=75$ 70と75の最大公約数＝5

$$5 \left\{ \begin{array}{c} 1 \\ 5 \end{array} \right\}$$ このうち、5より大きいもの

<u>答えなし</u>

総合7 8と12と30の最小公倍数120で割ると6あまる数

<u>6、126、246、366、486</u>

解答

P37

総合8 8と14の最小公倍数56で割ると5あまる数　　341÷56＝6…5
6＋1＝7個　　172÷56＝3…4　3個　　7－3＝4個　　　　　　　<u>4個</u>

総合9 48－3＝45　　79－4＝75　　45と75の最大公約数＝15

$$15 \begin{cases} 1 & 3 \\ 15 & 5 \end{cases}$$　このうち、4より大きいもの

　　　　　　　　　　　　　　　　　　　　　　　　　<u>5、15</u>

総合10 $\begin{cases} 9 & 30 & 51 & \mathbf{72} & 93\cdots \\ 12 & 42 & \mathbf{72} & 102\cdots \end{cases}$

　　　　最小の72から、21と30の最小公倍数210番目ごとにある

　　　　　　　　　　　　　<u>72、282、492、702、912</u>

総合11 $\begin{cases} 2 & 11 & \mathbf{20} & 29 \\ 8 & \mathbf{20} & 32 \end{cases}$　最小の20から、9と12の最小公倍数の36番目ごとにある

　　　　1100÷36＝30…20　　30＋1＝31個
　　　　99÷36＝2…27　2＋1＝3個　　31－3＝28　　　　<u>28個</u>

P38

総合12 640－10＝630　　180－12＝168　　630と168の最大公約数＝42

$$42 \begin{cases} 1 & 2 & 3 & 6 \\ 42 & 21 & 14 & 7 \end{cases}$$　このうち、12より大きいもの

　　　　　　　　　　　　　　　　　　　　　<u>14、21、42</u>

総合13 24と36の公倍数72で割るには15足りない数＝72で割ると57あまる数

　　　　　　　　　　　<u>57、129、201、273、345</u>

総合14 80－8＝72　　110－2＝108　　260－8＝252
72と108と252の最大公約数＝36

$$36 \begin{cases} 1 & 2 & 3 & 4 & 6 \\ 36 & 18 & 12 & 9 \end{cases}$$　このうち、8より大きいもの

　　　　　　　　　　　　　　　　　　<u>9、12、18、36</u>

P39

総合15 $\begin{cases} 2 & 14 & 26 & 38 & 50 & 62 & 74 & 86 & 98 & \mathbf{110} & 122\cdots \\ 6 & 19 & 32 & 45 & 58 & 71 & 84 & 97 & \mathbf{110} & 123\cdots \end{cases}$

　　　　　最小の110から、12と13の最小公倍数の156番目ごとにある
　　　　　　　　　　　<u>110、266、422、578、734</u>

総合16 224－8＝216　　170－8＝162　　277－7＝270　　385－7＝378
216と162と270と378の最大公約数＝54

$$54 \begin{cases} 1 & 2 & 3 & 6 \\ 54 & 27 & 18 & 9 \end{cases}$$　このうち、8より大きいもの

　　　　　　　　　　　　　　　　　　<u>9、18、27、54</u>

総合17 $\begin{cases} 3 & 10 & 17 & 24 & 31 & 38 & \mathbf{45} & 52\cdots \\ 5 & 13 & 21 & 29 & 37 & \mathbf{45} & 53\cdots \end{cases}$

　　最小の45から、7と8の最小公倍数の56番目ごとにある

　　　　　　　　　　　<u>45、101、157、213、269</u>

M.acceess　学びの理念

☆学びたいという気持ちが大切です
　勉強を強制されていると感じているのではなく、心から学びたいと思っていることが、子どもを伸ばします。

☆意味を理解し納得する事が学びです
　たとえば、公式を丸暗記して当てはめて解くのは正しい姿勢ではありません。意味を理解し納得するまで考えることが本当の学習です。

☆学びには生きた経験が必要です
　家の手伝い、スポーツ、友人関係、近所付き合いや学校生活もしっかりできて、「学び」の姿勢は育ちます。
　生きた経験を伴いながら、学びたいという心を持ち、意味を理解、納得する学習をすれば、負担を感じるほどの多くの問題をこなさずとも、子どもたちはそれぞれの目標を達成することができます。

発刊のことば

　「生きてゆく」ということは、道のない道を歩いて行くようなものです。「答」のない問題を解くようなものです。今まで人はみんなそれぞれ道のない道を歩き、「答」のない問題を解いてきました。

　子どもたちの未来にも、定まった「答」はありません。もちろん「解き方」や「公式」もありません。

　私たちの後を継いで世界の明日を支えてゆく彼らにもっとも必要な、そして今、社会でもっとも求められている力は、この「解き方」も「公式」も「答」すらもない問題を解いてゆく力ではないでしょうか。

　人間のはるかに及ばない、素晴らしい速さで計算を行うコンピューターでさえ、「解き方」のない問題を解く力はありません。特にこれからの人間に求められているのは、「解き方」も「公式」も「答」もない問題を解いてゆく力であると、私たちは確信しています。

　M.access の教材が、これからの社会を支え、新しい世界を創造してゆく子どもたちの成長に、少しでも役立つことを願ってやみません。

思考力算数練習帳シリーズ
シリーズ５１　数の性質４　倍数・約数の応用２　整数範囲

初版　第１刷
　　　編集者　M.access（エム・アクセス）
　　　発行所　株式会社　認知工学
　　　〒６０４−８１５５　京都市中京区錦小路烏丸西入ル占出山町 308
　　　電話　（０７５）２５６−７７２３　　email：ninchi@sch.jp
　　　郵便振替　０１０８０−９−１９３６２　株式会社認知工学

ISBN978-4-86712-051-4　　C-6341　　　　A510122E　M

定価＝ 本体５００円 ＋税